FLW sewing & styling

FLW sewing &
styling

FLW sewing & styling

FLW sewing &
      styling

FLW sewing & styling

素材美&個性美・
穿上就有型的亞麻感手作服

大橋利枝子◎著

introduction

　　2012年春天，我開始設計服裝。由fog linen work衍生出了FLW，最初理念是善用亞麻布的優點，製作出簡單又美麗的服裝款式。以FLW的基礎，連續四年，每季都推出不同的系列服裝。

　　一般的時尚品牌，會依照各季節提出不同的設計概念，但我反而刻意不作任何限制。不拘泥時尚潮流，因為每個獨立個體都有適合自己的服飾。而實際上顧客年齡層也很廣泛，從20歲到50歲。而無關年齡、時尚品味等，只要穿上喜歡的設計，就能盡情享受屬於自己的搭配樂趣！

FLW服裝素材是立陶宛產的高品質亞麻布。位在歐洲東北部的立陶宛，是有名的亞麻布產地。現在工廠所製作的每個系列，不但有屬於歐洲特有的色系，並且講究舒適柔軟觸感和高雅的光澤度。

　　FLW的服裝樣式非常簡單，為了突顯布料本身的優點，而製作經得起時間考驗的款式，所以左右服裝成敗的紙型製圖就變得非常重要。為了不管是誰都可以穿出舒適且找到屬於自己的味道，一開始先以胚布製作，精細計算出領圍、袖襬、布料的律動感等細節，再不斷重複製作和修正。

　　這本書的攝影，是由攝影師高橋ヨーコ老師和朋友認識的模特兒，在舊金山所拍攝的，並由FLW服裝和模特兒本人的私物穿搭組成的造型。由於每個模特兒的個性不同，因此書中呈現不同於一般的服裝照片，營造出嶄新的、自由的時尚氛圍。

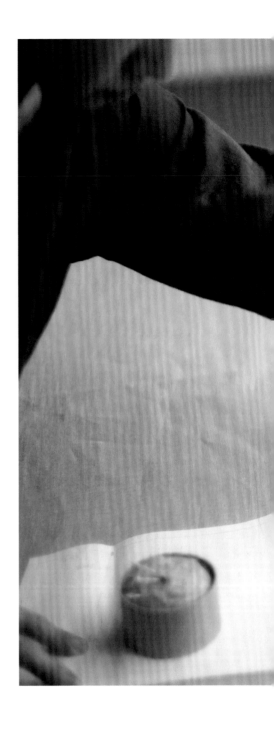

在立陶宛的工廠，編織布料，縫製作品。

contents

e

蝴蝶結裝飾上衣

P.17

f

寬襬連身裙

P.18

g

寬襬無袖上衣

P.19

h

細肩帶洋裝

P.20, P.21

i

連袖側邊打褶連身裙

P.22

i

連袖側邊打褶連身裙

P.23

j
細褶剪接裙
P.24

k
和服袖短上衣
P.25

k
和服袖短上衣
P.29

l
細褶剪接連身裙
P.26

m
雙排釦無領大衣
P.27

n
寬褲
P.28

r
杜爾曼袖長版上衣
P.32

s
杜爾曼袖連身裙
P.33

t
小立領長版上衣
P.34

t
小立領長版上衣
P.35

u
哈倫褲
P.36

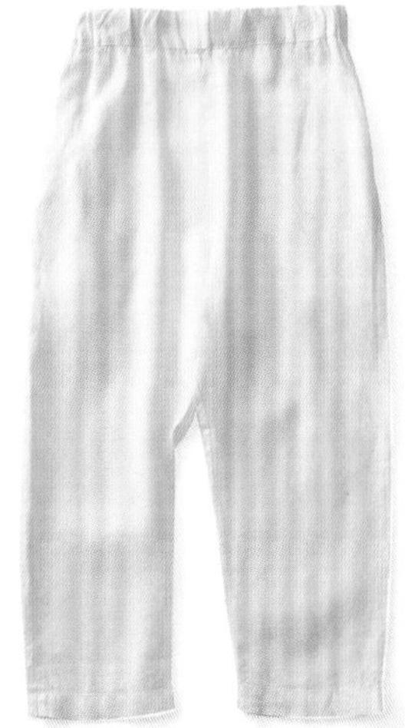

v
拉克蘭袖短上衣
P.37

o, p, q　托特包＆圍巾　P.30, 31

FLW的穿搭造型　P.42

a 雙色剪接連身裙
JOANNA SLEEVELESS DRESS

10

散發出沉穩的感覺，以相同顏色的身片和裙片，所製作的素雅連身裙。
how to make P.58

b **後褶襉連身裙**
URSULA DRESS

12

後中心設計了褶襉，朝著下襬形成了A字的寬鬆輪廓。不論搭配褲子或緊身褲都很適合的百搭款式。

how to make P.68

C　和風式外罩衫
AGATHA CROSSOVER COAT

14

雖然落肩設計會顯得較為寬鬆，但整體線條很流暢，看起來更加時尚
有型。就像一般的外罩衫，可以隨意搭配。
how to make P.76

d 蝴蝶結裝飾連身裙
SIDONIE NO SLEEVED DRESS

16

沒有分前後的設計，也可以將蝴蝶結綁帶那一面穿在背後。依照打結鬆緊度，可以自由調整細褶的分量。

how to make P.56

e 蝴蝶結裝飾上衣
SIDONIE NO SLEEVED TOP

將P.16的蝴蝶結裝飾連身裙，改為短版的上衣。蝴蝶結綁帶也可綁
在背後，看起來更加可愛喔！
how to make P.56

17

f 寬襬連身裙
JACKIE NO SLEEVED DRESS

為了搭配P.14的和風式外罩衫，所設計的連身裙。移動時下襬的搖曳
線條，是最大講究之處。

how to make P.54

g 寬襬無袖上衣
ASHLEY NO SLEEVED TOP

寬襬連身裙改為短版的上衣款式，也可以改為長版上衣。彷彿坦克背心般的設計，非常好搭配。

how to make P.54

19

h 　細肩帶洋裝
NICOLE SLIP DRESS

20

胸前為反摺設計，盛夏時可以內搭其他上衣，秋天時則搭配針織上衣，
是很百搭的一款。
how to make P.86

i 連袖側邊打褶連身裙
CHARLOTTE DRESS

兩側有褶襇設計，更突顯搖曳生姿的美感。搭配褲子，可增添休閒風感覺。

how to make P.78

j **細褶剪接裙**
JENNIFER GATHERED SKIRT
24

單一層的剪接設計，配上分量不會太多的細褶，展現成熟味的裙子。
推薦X形線條的輪廓穿搭。

how to make P.84

k 和服袖短上衣
EMMA V NECK TOP

寬鬆的和風袖，穿起來很舒服。下襬有鬆緊帶設計，可修飾腰部線條。
how to make P.82

細褶剪接連身裙
RACHEL DRESS

26

提高剪接縫製位置，搭配恰到好處的細褶分量。可內搭針織衫或上衣。
how to make P.80

m 雙排釦無領大衣
LOTTE NO COLLAR COAT

無內裡的款式。可以使用亞麻素材製作春天穿的大衣，冬天時則改用羊毛素材製作。

how to make P.70

n 寬褲
JULIJA WIDE PANTS

28

FLW大受好評的寬褲,搭配任何款式上衣都很合適。可自由選擇自
己想要的褲長,長版比較優雅,短版則較休閒風。

how to make P.85

k 　和服袖短上衣
　　EMMA V NECK TOP

和P.25的不同，選用了不一樣的布料，這款亞麻羊毛材質較為鬆軟。
只要改變布料，就能給人不同印象。內層可搭配針織上衣。
how to make P.82

o,p,q

托特包&圍巾
TOTE BAG,STOLE

搭配鮮豔的小物，讓整體造型更加鮮明。時尚的配色，更能突顯色彩
的感覺。
how to make o_P.72, p_P.74, q_P.73

r 杜爾曼袖長版上衣
HEIDI TUNIC

FLW最受歡迎的基本單品。為了給人清爽印象，特別講究領圍的線條。
how to make P.60

S 杜爾曼袖連身裙
HEIDI DRESS

P.32的杜爾曼袖長版上衣，改為連身裙款式。搭配較輕薄的布料，更能顯出優雅搖曳的輪廓。

how to make P.59

小立領長版上衣
FRIDA LONG SHIRT

膝蓋長度的款式，也可以當作連身裙搭配。下半身穿上緊身褲，整體
比例會更加完美。

how to make P.62

哈倫褲
GUSTA SARROUEL PANTS

寬鬆的腰線，沿著下襬漸窄的版型。捲起褲管露出腳踝，會非常可愛。
how to make P.66

V 拉克蘭袖短上衣
SONIA TOP

乍看之下很簡單的款式，但船型領的設計，不同於一般拉克蘭袖上衣。
短袖設計，會使整體比例更顯協調。
how to make P.65

37

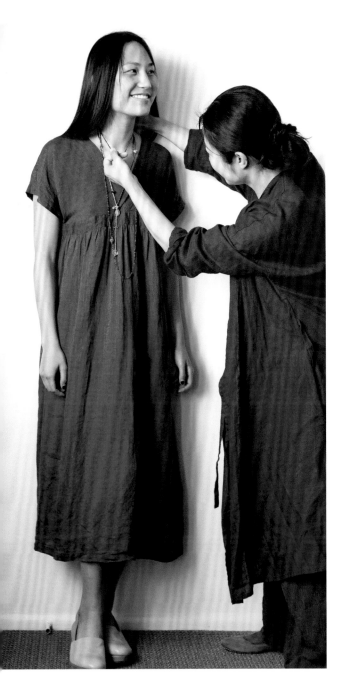

穿搭的重點

穿搭的基本就是比例。站在全身鏡前調整比例，是最重要的事。因為我的身材比較嬌小，不論穿任何衣服，都比較難作造型，所以會捲起褲管、或夾起較寬鬆的部位。

關於穿搭的小小祕訣，第一點就是比例，例如合身的上衣，下半身就搭配寬鬆的款式。而相反地，寬鬆的上衣，下半身就搭配較合身的款式。第二點則是顏色的組合，一開始請選擇安全的同色系搭配，整體色調統一就會給人洗練的印象。如果主色是鮮豔顏色，搭配沉穩色系才會平衡。而鮮豔的黃藤色搭配茶色、明亮紅色搭配米色系等，以相似色相的組合搭配起來既便利又好看。第三點是素材的組合，和顏色組合的方法相同，搭配同素材，可突顯聰慧的氣質，搭配異素材則展現出個性化魅力。

如果整體太過相似雷同，搭配小配件也是一種改善方法。依據我個人經驗，小配件更有畫龍點睛的效果，例如眼鏡，鞋子也是很不錯的點綴重點，選擇一款可以增加自信感的好鞋吧！

總之，穿搭的重點就是整體比例的組合。

亞麻素材

　　水洗加工的皺褶，舒適觸感的面料，織線特有的光澤感，善用亞麻布的這些獨特特徵製作服裝。因為特有的織紋，即使縫紉時稍有差錯也不會太過明顯，可以培養自己縫製的自信心，這也是為什麼選擇亞麻素材製作服裝的原因。

　　經過經年累月的洗滌，亞麻布料會漸漸散發出不同的質感，穿起來更加有韻味。但是水洗之後容易收縮是主要缺點，因此購買布料時請多預備一些分量。雖然依據布料種類各有差異，但平均水洗後大約會收縮約3至5％左右，在裁剪亞麻布前也請務必先下水處理過。

　　清洗亞麻服和針織服的方法相同。需將衣服放在洗衣網內，再放置於洗衣機，以中性洗劑洗滌，最後陰乾即可。烘乾機可能會損傷或導致布料收縮，請多加注意。

　　最後請參考本書，自由的製作自己喜歡的款式。尤其是身長變換，一定有最適合自己的長度。縫製最大的魅力，就是每天都可以穿上自己手作的作品。人生雖然有很多事情無法盡如己意，但至少可以搭配自己喜歡的造型。

FLW的穿搭造型

從朋友的造型中，發現了不同於模特兒的穿搭魅力。
因為是簡單的設計，就算是同樣服裝，
根據穿著的人的個性和體型，
整體氛圍也完全不同，非常的有趣。
FLW的Facebook和Instagram刊載了我的私服和朋友們的穿搭。
以下則介紹本書中同款不同色系服裝的穿搭。

內搭針織衫和針織長褲，即使是冬天也感覺很暖和。寬鬆的造型搭配厚重的靴子，看起來更協調。

不同色系的P.34小立領長版上衣。

穿著連身裙，披上亞麻長罩衫。白色搭配淡米色系，有種清爽的感覺。選擇咖啡色系的鞋子，整體更有味道了。

不同色系的P.10雙色剪接連身裙

一直是FLW愛好者的洋子小姐，以涼鞋搭配短襪，充滿個性
與可愛氛圍。反摺的褲管，顯出一種認真女孩的氣質。

P.36哈倫褲

連身裙感覺的長版上衣，裡面搭配荷葉邊連身裙，荷葉邊展現
出華麗風貌。

不同色系的P.32杜爾曼袖長版上衣

黑白色系，不論怎麼搭都很好看。在搭配時若感到迷惘，可以
配合另一色作組合。

P.25和服袖短上衣‧P.36哈倫褲

紫和深藍的配色，背面也是深藍色。從袖口可以隱約看到連身
裙的袖子。鞋子是和紫色很相配的咖啡色系。

P.14和風式外罩衫

本書的模特兒エリカ小姐，在拍攝現場隨意披起外套時所拍下。丹寧風格的造型很適合搭配飾品。

不同色系的P.14和風式外罩衫

寬鬆的整體造型，刻意露出頸圍突顯清爽度。深色系穿搭，讓領圍、手腕等處，看起來更加纖瘦。

不同色系的P.14和風式外罩衫

紅色能襯托整體色系。雖然以深藍色外罩衫配上白色長褲，組成紅藍白三色會更可愛，但我還是比較保守一點……

P.30托特包

粉紅與藍色的雙色圍巾是搭配主角，上下身統一穿深藍色，更突顯個性感。粉紅色圍巾雖然鮮豔，但不會讓人有抗拒感。

P.31圍巾

外國人士的穿搭，大多充滿自由且個性化。讓人覺得佩服的是，每個人都知道自己適合的造型。小麥色肌膚襯上涼鞋，散發度假氛圍。

P.22連袖側邊打褶連身裙

請一定要試試看上下身以相同素材製作的單品。不但可以分開穿搭，也可以當成一套組合，彷彿連身裙般，非常好搭配。

P.25和服袖短上衣 P.24細褶剪接裙

長裙有時候會感覺太過隨性，若搭配上黑色紳士帽，就能展現俐落的一面。

P.24細褶剪接裙

喜歡藍色和紫色的組合。內搭的連身裙，是為了搭配這件大衣而製作。穿上深藍色緊身襪，整體統一為寒色系。

P.27雙排釦無領大衣 P.33杜爾曼袖連身裙

寬褲搭配短版T恤，展現A字型的輪廓。圓點圍巾裝飾，打造修長線條。寬褲最好搭配上有跟的鞋子，比例會更好。

P.28寬褲

容易太過單調的夏天穿搭，戴上圍巾就很有型。若不太喜歡無袖款式，可以將圍巾披在肩上。

P.10雙色剪接連身裙

我身材比較嬌小，穿上長版上衣卻常常變成連身裙……搭配紫色連身裙的褲襪，刻意不選擇黑色，而選了深藍色，會更有韻味。

P.32杜爾曼袖長版上衣

只要搭配上帽子和眼鏡，即使穿著居家服也會看起來很時尚（笑）。作造型時如果覺得缺少什麼，就試試帽子和眼鏡吧！

不同色系的P.34小立領長版上衣

造型的主角是高腰窄版褲。個性化的褲子搭配簡單的上衣，顯得更加協調。黑色搭配墨綠色，展現中性粗獷的風格。

不同色系的P.37拉克蘭袖短上衣

哈倫褲不論搭配何種造型都很合適，穿上寬鬆長版上衣看起來更加帥氣。

不同色系的P.36哈倫褲

搭配白色帽子和鞋子，看起來更加清爽。雖然白鞋好像不太好搭配，夏天時請一定要試著搭配看看，看起來更加涼爽。

P.37拉克蘭袖短上衣

連身裙下搭配上長褲，寬鬆的造型較適合身高高的人搭配。嬌小的讀者則需要改變上半身或下半身穿合身一點，整體比例會更好。

P.12後褶襉連身裙　P.28寬褲

HOW TO MAKE

關於布料
使用適合穿著厚度的高品質亞麻布。本書使用布
寬148cm的亞麻布，製作頁面刊載的布寬是
110cm。

紙型作法和裁布方法

尺寸的選擇方法

● 請使用附錄的紙型製作服裝。共有S‧M‧L‧LL等四種尺寸，請參考尺寸表和注意事項，選擇自己的尺寸。

● 上衣和連身裙請依胸圍尺寸，褲子請依臀圍尺寸決定。

● 如果依照胸圍和臀圍尺寸，但身長不一樣時，下襬線和袖口線請配合身長線使用。例如胸圍和臀圍尺寸是L，但身高只有154cm，下襬線和袖口線使用S尺寸的紙型線，其他部位使用L尺寸。

尺寸表   單位cm

部位／尺寸	S	M	L	LL
胸圍	80	84	88	92
腰圍	64	68	72	76
臀圍	91	95	79	103
身長	154	158	163	168

※FLW的服裝稍微寬鬆，為FREE Size，而在這本書裡為M尺寸。各作品製作頁面有記載完成尺寸。請參考後再行決定，也可以對照自己身邊的服裝尺寸。

配合身長選擇下襬線

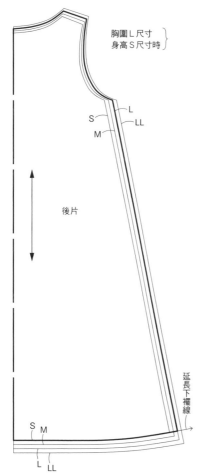

胸圍L尺寸
身高S尺寸時

後片

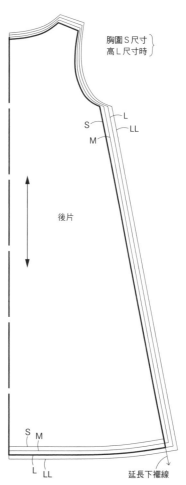

胸圍S尺寸
高L尺寸時

後片

以別張紙描繪紙型

請選擇重疊後仍可清楚看到紙型線的透明紙張或描圖紙。

❶ 製作頁面有記載使用的紙型號碼，請從紙型上檢查所需的紙型數量。

❷ 為避免搞錯尺寸，請預先以麥克筆將自己的尺寸標示起來。

❸ 疊上描圖紙後，以鉛筆或自動鉛筆描繪紙型。請以直尺正確的描繪。另外像是布紋線、止縫點、口袋口等記號也必須描繪。

❹ 描繪好的紙型的名稱、前中心摺雙等也須寫上。

紙型的描繪方法

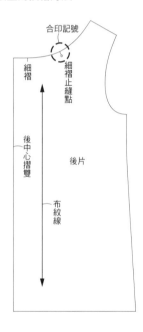

改變長度的方法

●繪製自己喜歡的長度
想要改變衣長、裙長、褲長時，平行於原本的紙型下襬線，直接改短、或延長即可。

合印記號
細褶
細褶止縫點
後中心摺雙
後片
布紋線

平行改短
原本下襬線
延長
延長
平行延長

於描繪好的紙型畫上縫份

● 原寸紙型並未加上縫份，紙型請加上縫製需要的縫份。縫份尺寸請參考各作品製作頁面的裁布圖。

● 縫份線需平行於紙型線（完成線）。另外，袖口等處為避免縫份摺疊時袖下縫份會不足，需如下圖所示加上縫份。接著沿縫份線裁剪，紙型就完成了。

裁布方法

●作品皆使用亞麻素材，亞麻素材洗滌後容易收縮，裁剪前需先浸泡處理。

「整理布料縮絨處理」

放入水中一小時左右待其充分浸濕，以脫水機稍加脫水擰乾，或直接以熨斗熨燙、整理布紋。

●若是需要改變長度，需要的布料尺寸也會不一樣，請參考裁布圖加以增減。

❶ 請參考裁布圖，先在布料上放置紙型，確認準備的布料尺寸是否充足，並確認各部位的裁剪位置。

❷ 從大的紙型開始配置裁剪。

❸ 畫上合印記號。左右兩片背面相對疊合，重疊以珠針固定，兩片布料中間包夾複寫紙，從布料背面沿著完成線作上記號。不要忘記口袋口、止縫點等合印記號。

＊也可不描繪完成線，利用針板上記號或車縫專用尺，也可直接車縫縫份。但是不要忘記口袋口、止縫點的合印記號。

加上縫份的方法

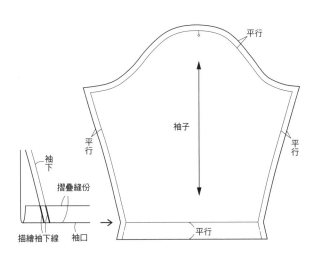

合印記號的作法

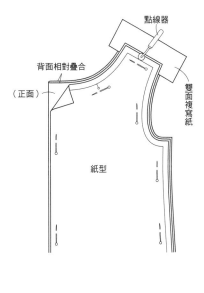

基本的縫製方法

- 作品皆使用亞麻素材。使用車縫線Polyester60號、車縫針11號。
- 開始車縫之前，請使用碎布車縫，調整車縫線的狀況。
- 車縫完後，請務必以熨斗熨燙處理，因為有些部分在完成後很難熨燙整理。建議一邊熨燙一邊車縫，成品才會漂亮。

縫份的處理

● 燙開縫份

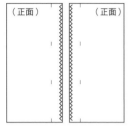

（正面）　（正面）

❶ 縫份進行Z字形車縫。

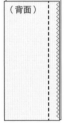

（背面）

❷ 燙開縫份。

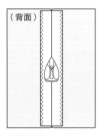

（背面）

❸ 燙開縫份。

● 縫份倒向單側。

（背面）　縫份兩片一起進行Z字形車縫。

❶ 兩片正面相對疊合車縫，縫份兩片一起進行Z字形車縫。

（背面）

❷ 縫份倒向單側熨燙整理。

● 包邊縫

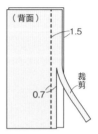

（背面）　1.5
裁剪
0.7

❶ 兩片正面相對疊合車縫，縫份倒向下側的縫份，裁剪一半。

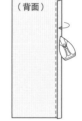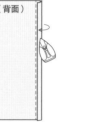

（背面）

❷ 寬縫份包捲窄縫份，以熨斗熨燙整理。

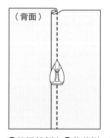

（背面）

❸ ❷的縫份倒向❶裁剪側，以熨斗熨燙整理。

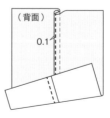

（背面）
0.1

❹ ❷的褶線處壓裝飾線。

● 袋縫

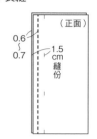

0.6
0.7　（正面）
1.5 cm 縫份

❶ 兩片背面相對疊合車縫，縫份一半處進行車縫。

（正面）

❷ 燙開縫份。

（背面）　車縫完成線

❸ 兩片正面相對疊合，車縫完成線。

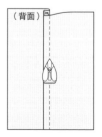

（背面）

❹ 縫份倒向單側，以熨斗熨燙整理。

邊端的處理

●三摺邊車縫

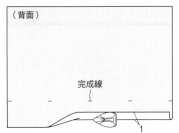

❶ 縫份往內摺疊1cm，以熨斗熨燙整理。

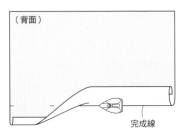

❷ 剩下縫份以熨斗熨燙整理。

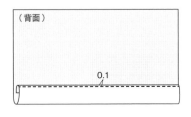

❸ 摺疊縫份邊端，壓裝飾線。

●處理領圍＆袖襱的斜布條
〈斜布條裁剪方法〉

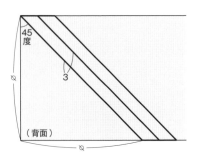

和布紋呈45°裁剪的布條，長度約是領圍或袖襱尺寸+3至4cm。如果一條不夠，可以連接第二、第三條增長。

〈連接斜布條〉

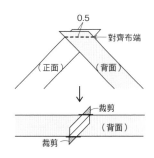

兩片斜布條正面相對疊合車縫縫份0.5cm，燙開縫份。裁剪多餘縫份。

〈縫法〉＊領圍縫法附有圖示，袖襱縫製方法也相同。

❶ 斜布條單側往內摺疊1cm，以熨斗熨燙整理。

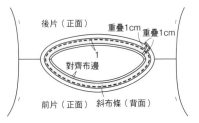

❷ 身片領圍正面相對重疊斜布條車縫。斜布條頭尾兩端縫線和肩線縫線錯開，邊端摺疊1cm、重疊1cm。

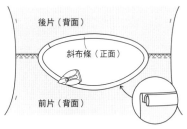

❹ 斜布條翻至身片背面，以熨斗燙整。

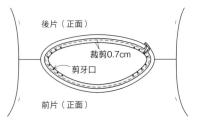

❸ 領圍縫份裁剪0.7cm，弧線部分需剪牙口。

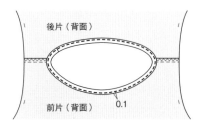

❺ 斜布條邊端壓裝飾線。

53

f 寬襬連身裙
P.18

g 寬襬無袖上衣
P.19

完成尺寸　　　　　　　　　　　單位cm

	S	M	L	LL
胸圍	89	93	97	101
f的身長	94.5	96	97.5	99
g的身長	54.5	56	57.5	59

紙型（1正面）
f・g後片　f・g前片
＊領圍用斜布紋滾邊布、袖襬用斜布紋滾邊布，依裁布圖尺寸直接裁剪。

f 的材料
表布（亞麻）
…寬148cmS・M140cm／L・LL150cm
＊寬110cmS・M220cm／L・LL240cm

g 的材料
表布（亞麻）
…寬148cmS・M90cm／L・LL100cm
＊寬110cmS・M140cm／L・LL150cm

製作重點
f 連身裙・g 上衣雖然長度不同，但作法相同。

1.車縫肩線

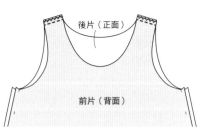

前後片肩線正面相對疊合車縫，縫份兩片一起進行Z字形車縫，倒向後身片側。

2.領圍以斜布條滾邊

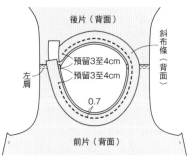

❶　身片領圍背面對齊正面朝下的斜布條，車縫縫份0.7cm處。左肩前後預留3至4cm。

g 的裁布圖

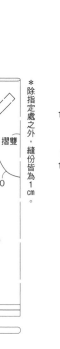

f 的裁布圖

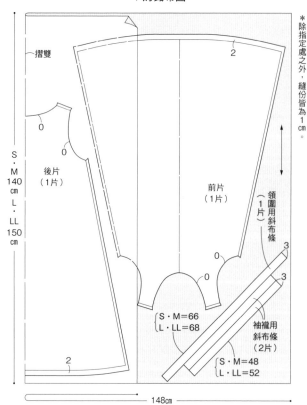

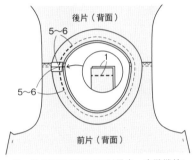

❷ 斜布條邊端，左肩縫線重疊2cm，裁剪多餘部分。

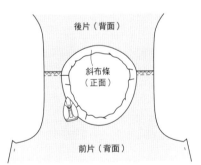

❸ 斜布條兩端正面相對疊合，車縫縫份1cm處。

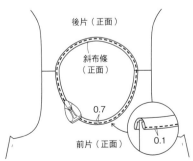

❹ 斜布條翻至正面，熨燙整理縫線。

❺ 以斜布條包捲布邊，調整斜布條寬0.7cm，從身片正面於斜布條上壓裝飾線。

3.車縫脇邊

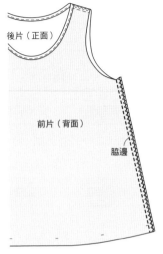

前後片脇邊正面相對疊合車縫。縫份兩片一起進行Z字形車縫，倒向後側。

4.袖襱以斜布條滾邊

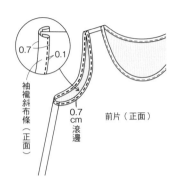

同縫製領圍方法，身片袖襱包捲斜布條滾邊。

5.車縫下襬

下襬縫份三摺邊，以熨斗熨燙，三摺邊邊端後壓裝飾線。

d 蝴蝶結裝飾連身裙
P.16

e 蝴蝶結裝飾上衣
P.17

完成尺寸
單位cm

	S	M	L	LL
胸圍	102	106	110	114
d的身長	103.5	105	106.5	108
e的身長	56	57	58	59

紙型（2背面）
d・e後片（d下側連接片）
d・e前片（d下側連接片）
d・e領圍布
＊袖襱用斜布條、前開叉用斜布條、綁繩，
　依裁布圖尺寸直接裁剪布料。

d的材料
表布（亞麻）…寬148cm　190cm
＊寬110cm　260cm

e的材料
表布（亞麻）
…寬148cmS・M100cm／L・LL110cm
＊寬110cm　170cm

製作重點
d連身裙・e上衣雖然長度不同，但作法相
同。

1.製作前開叉

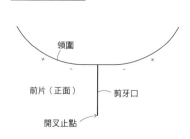

❶ 前中心開叉位置，剪牙口至開叉止點。

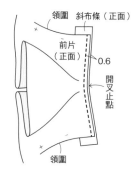

❷ 剪牙口位置背面對齊斜布條正面，於
0.6cm處車縫。

e的裁布圖
＊除指定處之外，縫份皆為1cm。

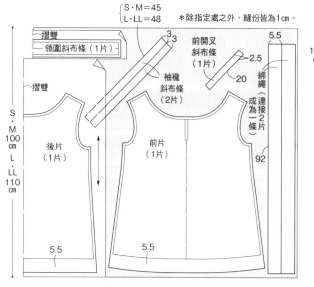

裁布圖
＊除指定處之外，縫份皆為1cm。

56

3.領圍製作細褶，接縫領圍布

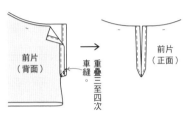

❸ 斜布條包捲布邊，壓裝飾線。裁剪多餘斜布條。

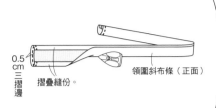

❶ 領圍布前端縫份三摺邊車縫，摺疊完成線寬度，以熨斗熨燙。

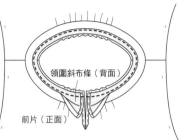

❸ 身片領圍和領圍布正面相對重疊，對齊領圍布合印記號，調整領圍細褶，以珠針固定。

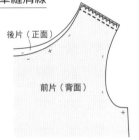

❹ 開叉斜布條正面相對疊合，開叉處斜向車縫三至四次，翻至正面熨燙整理。

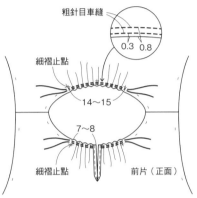

❷ 領圍縫份，車縫兩條粗針目縫線至車縫止點。

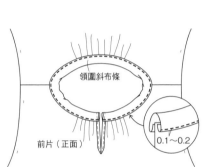

❹ 領圍布翻至正面，調整領圍布寬度，壓裝飾線。

2.車縫肩線

前後片肩線正面相對疊合車縫。縫份兩片一起進行Z字形車縫，倒向後側。

4.車縫脇邊

前後片脇邊正面相對疊合車縫。縫份兩片一起進行Z字形車縫，倒向後側。

5.車縫袖襱

車縫袖襱斜布條（→P.53）

6.車縫下襬

下襬縫份三摺邊，三摺邊邊端壓裝飾線。

7.製作綁繩穿入

綁繩寬1.8cm，四摺邊壓裝飾線，穿過領圍布。

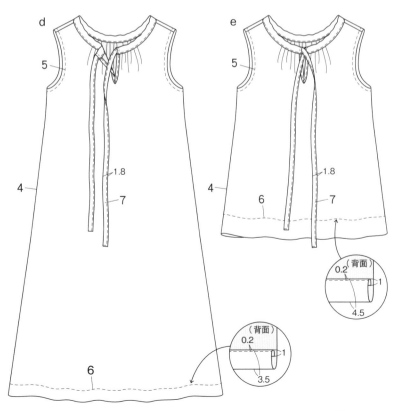

a 雙色剪接連身裙
P.10・P.11

完成尺寸

單位cm

	S	M	L	LL
胸圍	96	100	104	108
身長	115	116.5	118	119.5

紙型（2背面）

　a 後片　　a 前片　　a 前後裙片

＊領圍用斜布條、袖襱用斜布條、依裁布
　圖尺寸直接裁剪。

材料

表布A（身片用・亞麻）

…寬148cmS・M60cm／L・LL70cm

＊寬110cm　90cm

表布B（裙片用・亞麻）

…寬148cm　190cm

＊寬110cm（S・M）為190cm。L・LL使用

115cm寬以上的布料。

製作順序

1　肩線包邊縫。（→P.52）。縫
　　份倒向後側。

2　領圍斜布紋滾邊。→P.53

3　身片脇邊包邊縫。縫份倒向
　　後側。

4　袖襱斜布紋滾邊。

5　裙片脇邊包邊縫。縫份倒向
　　後側。

6　下襬1cm三摺邊壓裝飾線。

7　裙片腰線抽拉細褶（→P.81）
　　接縫身片。縫份兩片一起進
　　行Z字形車縫，倒向身片側、
　　壓裝飾線。

裁布圖　＊除指定處之外，縫份皆為1cm。

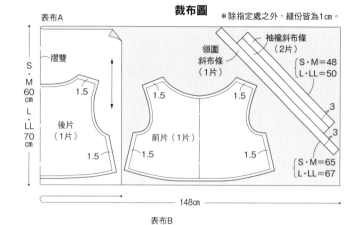

製作順序

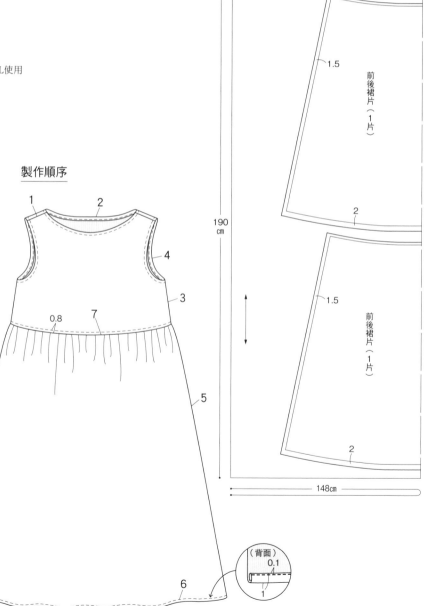

s 杜爾曼袖連身裙
P.33

table

完成尺寸 　　　　　　　　　單位cm

	S	M	L	LL
胸圍	約120	約124	約128	約132
袖長	約61	約62.5	約64	約65.5
身長	91.5	93	94.5	96

紙型（2背面）
S後片　S前片　S袖口貼邊

材料
表布（亞麻）
…寬148cmS・M150cm／L・LL170cm
斜布條（2摺邊）
…寬1.1cm　70cm
＊身片連袖設計。前片前中心摺雙裁剪，布
　料S・M 使用寬130cm、L・LL使用寬133
　cm。

製作順序　★同P.60至P.61
1　車縫後中心。
2　肩線包邊縫。（→P.52）。
3　車縫領圍斜布條。P.53
4　車縫袖下至脇邊。從袖口開叉止點至下
　　襬進行袋縫。
5　袖口車縫貼邊。
6　下襬三摺邊，壓裝飾線。

製作順序

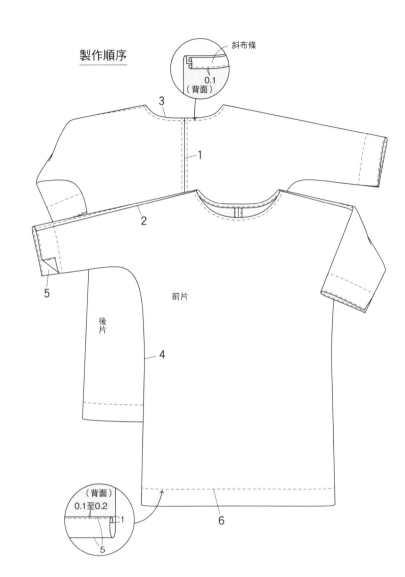

斜布條
0.1
（背面）

3
1
2
5
4
前片
後片
6
（背面）
0.1至0.2
1
5

裁布圖

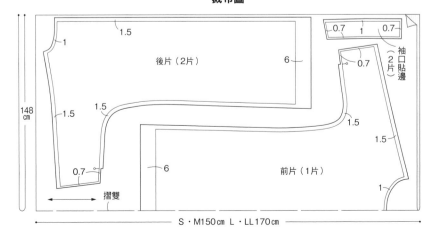

後片（2片）
1
1.5
1.5
1.5
148 cm
0.7
6
摺雙
0.7
1
0.7
袖口貼邊（2片）
0.7
1.5
1.5
1
前片（1片）
6

S・M150cm　L・LL170cm

59

r 杜爾曼袖長版上衣

P.32

完成尺寸

	S	M	L	LL
胸圍	約120	約124	約128	約132
袖長	約61	約62.5	約64	約65.5
身長	85.5	87	88.5	90

單位cm

紙型（2背面）

r 後片　r 前片　r 袖口貼邊

r 袋布

＊領圍用斜布條，依裁布圖尺寸直接裁剪。

材料

表布（亞麻）

…寬148cmS・M170cm／L・LL180cm

＊身片連袖設計。前片前中心摺雙裁剪，布料S・M 使用寬130cm、L・LL使用寬133cm。

1.車縫後中心

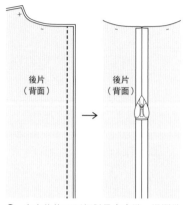

❶ 左右後片正面相對疊合車縫，燙開縫份。

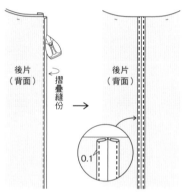

❷ 燙開的縫份，左右各自往內對摺，摺疊縫份邊端壓裝飾線。

2.車縫肩線

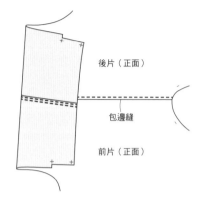

前後片肩線包邊縫（→P.52），縫份倒向後側。

3.車縫領圍

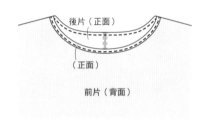

領圍包捲斜布條車縫壓裝飾線。→P.53

裁布圖

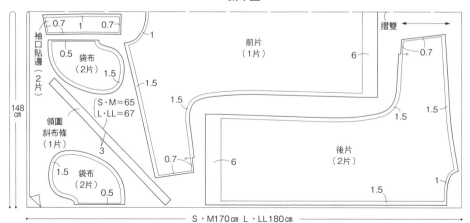

4.車縫袖下至脇邊，製作口袋

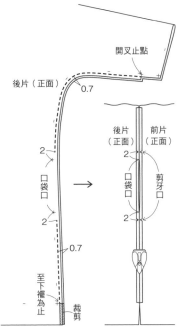

❶ 袋縫必須前後袖下至脇邊背面相對疊合，袖下開叉止點至口袋口上側2cm處，車縫口袋口下側的下2cm處至下襬完成線0.7cm縫份。燙開縫份，止縫點位置的縫份剪牙口。

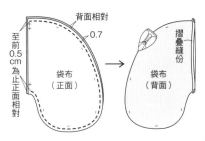

❷ 袋布兩片背面相對疊合，車縫縫份0.7cm處，燙開縫份，翻至正面相對，熨燙整理。

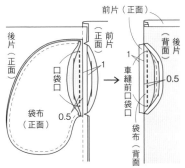

❸ ❷的袋布翻至背面相對，後口袋正面相對疊合，車縫口袋口。另一片袋布，和前片口袋口正面相對疊合車縫。

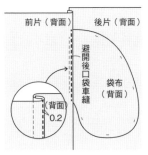

❹ 袋布拉出身片內側，袋布正面相對疊合熨燙整理。前片口袋口縫份往內摺疊，避開後片，和下側袋布車縫縫份邊端。後口袋口縫份也以相同方法車縫。

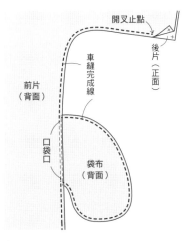

❺ 前後身片袖下至脇邊正面相對疊合，避開口袋口，車縫開叉止點至下襬縫份邊端。車縫袋布外圈。

5.袖口車縫貼邊

❶ 袖口貼邊上端縫份熨燙摺疊。

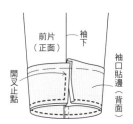

❷ 身片袖口貼邊正面相對疊合，車縫開叉止點至袖口。

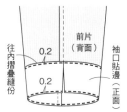

❸ 貼邊翻至袖口背面，貼邊縫份邊端往內摺疊，壓裝飾線。

6.車縫下襬

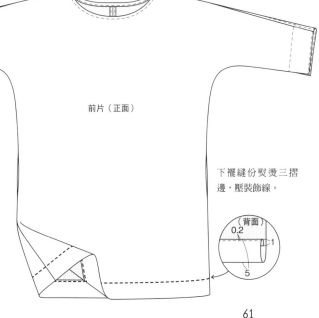

下襬縫份熨燙三摺邊，壓裝飾線。

t 小立領長版上衣

P.34,35

完成尺寸

單位cm

	S	M	L	LL
胸圍	105	109	113	117
袖長	50	51	52	53
身長	103	104.5	106	107.5

紙型（1正面）

t 後片　　t 前片（上・下）

t 後剪接　t 袖子　t 領子　t 前短冊

材料

表布（亞麻）…寬148cm　180cm

＊寬110cmS・M290cm／L・LL300cm

黏著襯寬…90cm　30cm

1.車縫下襬

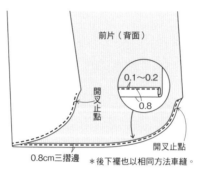

前片（背面）

0.1～0.2

0.8

開叉止點

開叉止點

0.8cm三摺邊

＊後下襬也以相同方法車縫。

前、後身片下襬縫份三摺邊，熨燙整理、壓裝飾線。

裁布圖

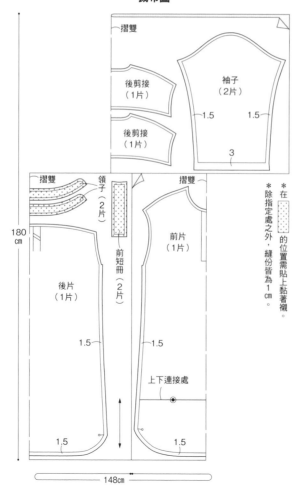

摺雙

後剪接（1片）

後剪接（1片）

袖子（2片）

1.5　1.5

3

180cm

摺雙

領子（2片）

摺雙

前短冊（2片）

前片（1片）

＊除指定處之外，縫份皆為1cm。

＊在▨的位置需貼上黏著襯。

後片（1片）

1.5　1.5

上下連接處

1.5　1.5

148cm

2.製作前開叉

剪牙口

前片（正面）

1

❶ 前片前中心，短冊止點1cm上側剪牙口。

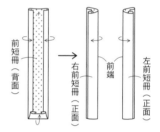

前短冊（背面）

右前短冊（正面）　前端　左前短冊（正面）

❷ 前短冊摺疊以熨斗熨燙。

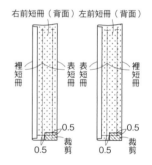

右前短冊（背面）　左前短冊（背面）

裡短冊　表短冊　表短冊　裡短冊

0.5　0.5

0.5　裁剪　0.5　裁剪

❸ 攤開❶摺線，如圖示裁剪下側。

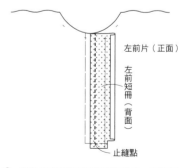

左前片（正面）

左前短冊（背面）

止縫點

❹ 前片和右前短冊正面相對疊合，車縫至止縫點。

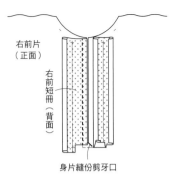

右前片（正面）

右前短冊（背面）

身片縫份剪牙口

❺ 前片和左前短冊正面相對疊合車縫。如圖所示❶牙口止點處斜向剪牙口。

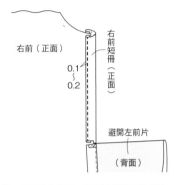

右前（正面）

右前短冊（正面）

0.1~0.2

避開左前片

（背面）

❻ 包夾身片縫份，前短冊摺疊至完成線，避開左前片壓裝飾線。

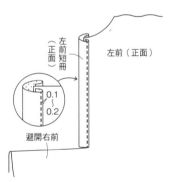

左前短冊（正面）

左前（正面）

0.1~0.2

避開右前

❼ 左前短冊也以相同方法，包夾身片縫份壓裝飾線。

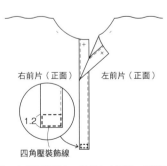

右前片（正面）

左前片（正面）

1.2

四角壓裝飾線

❽ 右前短冊朝上，重疊左右短冊。下端四角壓裝飾線。

3.接縫剪接片

❶ 摺疊後片褶襇，縫份疏縫暫時固定。

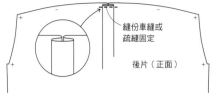

縫份車縫或疏縫固定

後片（正面）

❷ 裡剪接片肩線縫份進行熨燙，往內摺疊，表裡剪接片正面相對疊合，中間包夾後片車縫。

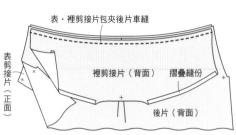

表・裡剪接片包夾後片車縫

表剪接片

裡剪接片（背面）

摺疊縫份

後片（背面）

❸ 表剪接片和前片肩線正面相對疊合車縫。縫份倒向剪接側，以熨斗熨燙（①）。重疊裡剪接片，從表剪接片壓裝飾線（②）。後片的剪接線壓裝飾線。

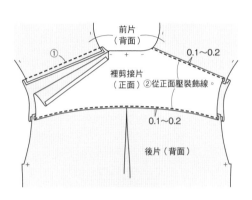

前片（背面）

①

0.1~0.2

裡剪接片（正面）②從正面壓裝飾線。

0.1~0.2

後片（背面）

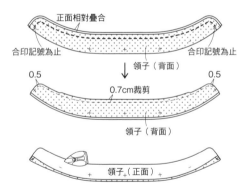

正面相對疊合

合印記號為止

合印記號為止

領子（背面）

0.5

0.7cm裁剪

0.5

領子（背面）

領子（正面）

4.製作領子

❶ 表裡領正面相對疊合車縫外圈，縫份0.7cm處裁剪。較彎曲的領端縫份再裁剪縫份0.5cm。

❷ 領子翻至正面以熨斗熨燙整理。

5.接縫領子

❶ 身片領圍和表領正面相對疊合，避開裡領接縫表領和身片。

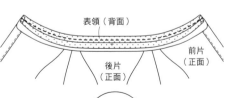

表領（背面）

後片（正面）

前片（正面）

0.1~0.2

表領（正面）

後片（正面）

前片（正面）

❷ 領圍縫份倒向領側，裡領縫份往內摺疊以熨斗熨燙整理，領子周圍壓裝飾線。

6.接縫袖子

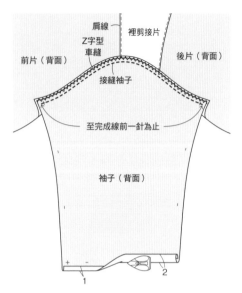

肩線
裡剪接片
Z字型車縫
前片（背面）
後片（背面）
接縫袖子
至完成線前一針為止
袖子（背面）

1　2

❶ 袖口縫份三摺邊以熨斗熨燙整理，身片袖襱和袖子正面相對疊合車縫。縫份兩片一起進行Z字形車縫，倒向身片側，以熨斗熨燙整理。

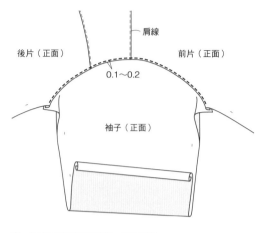

肩線
後片（正面）
前片（正面）
0.1～0.2
袖子（正面）

❷ 從表面袖襱壓裝飾線，安定縫份。

7.車縫袖下至脇邊

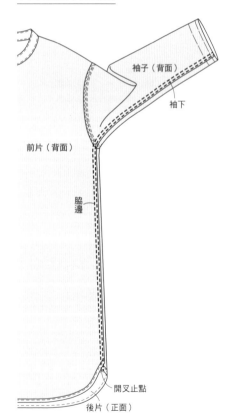

袖子（背面）
袖下
前片（背面）
脇邊
開叉止點
後片（正面）

前後袖下至脇邊包邊縫（→P.53）。

8.車縫袖口

（背面）
0.1至0.2

袖口縫份三摺邊壓裝飾線後即完成。

v 拉克蘭袖短上衣

P.37

完成尺寸

	S	M	L	LL
胸圍	106	110	114	118
身長	52.5	53.5	54.5	55.5
袖長	33.5	34.5	35.5	36.5

紙型（2正面）

v前後片　v袖子

＊領圍用斜布條依裁布圖尺寸直接裁剪。

材料

表布（亞麻）…寬148cm　120cm

＊寬110cm　190cm

製作順序

1　肩線包邊縫（→P.52），縫份倒向後側。

2　領圍包捲斜布條車縫。→P.53

3　接縫袖子，縫份兩片一起進行Z字形車縫，倒向身片側，身片袖襱壓裝飾線。

4　袖下開叉止點至下襬開叉止點，袖下至脇邊進行袋縫。

5　車縫下襬開叉。車縫下襬。

6　袖下開叉也以下襬相同方法車縫。

裁布圖

製作順序

5.車縫下襬開叉，車縫下襬

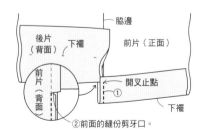

❶ 前下襬縫份正面相對摺疊，避開後片從開叉止點處下側車縫（①）。另外前片縫份開叉止點處剪牙口。

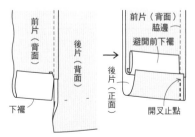

❷ 前開叉部分翻至正面，後下襬縫份正面相對摺疊，避開前片，車縫止縫點處下側。

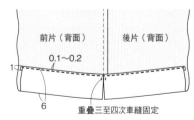

❸ 後開叉翻至正面熨燙整理，前後下襬縫份三摺邊，壓裝飾線熨燙整理。裝飾線止點處車縫固定。

u 哈倫褲
P.36

完成尺寸

	S	M	L	LL
臀圍	97	101	105	109
褲長	84.5	87.5	90.5	93.5

單位cm

紙型（1背面）
u 後褲管　u 前褲管
u 腰帶　u 袋布

材料
表布（亞麻）
…寬148cmS・M130cm／L・LL140cm
＊寬110cm　S・M190cm／L・LL230cm
鬆緊帶…寬4cm　適量

裁布圖

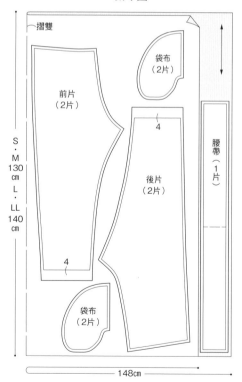

摺雙

前片
（2片）

袋布
（2片）

後片
（2片）

腰帶
（1片）

4

袋布
（2片）

4

S・M 130cm
L・LL 140cm

←148cm→

＊除指定處之外，縫份皆為1cm。

1.車縫脇邊製作口袋

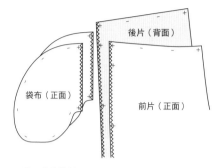

袋布（正面）　後片（背面）　前片（正面）

❶　前後褲管，袋布脇邊縫份進行Z字形車縫。

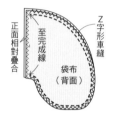

正面相對疊合　至完成線　Z字形車縫　袋布（背面）

❷　袋布兩片正面相對疊合，車縫脇邊完成線至完成線外圍。縫份兩片一起進行Z字形車縫。

後片（正面）　前片（背面）　口袋口

❸　前後褲管脇邊正面相對疊合，車縫預留的口袋口。燙開脇邊縫份。

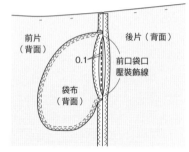

避開下側袋布　前脇縫份　後片（背面）　前口袋口車縫　袋布（背面）　燙開縫份

❹　前脇邊縫份和❷袋布一片如圖所示正面相對疊合，避開下側袋布，車縫前口袋口。

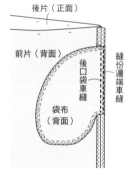

前片（背面）　後片（背面）　0.1　前口袋口壓裝飾線　袋布（背面）

❺　袋布倒向前褲管側。前口袋口熨燙整理、壓裝飾線。

後片（正面）　前片（背面）　後口袋車縫　縫份邊端車縫　袋布（背面）

❻　後脇邊縫份，❹下側袋布脇邊正面相對疊合，車縫後口袋口。車縫縫份邊端。

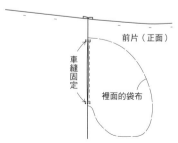

前片（正面）　車縫固定　裡面的袋布

❼　袋布倒向前側，從口袋口正面上下壓裝飾線。

2.車縫股圍

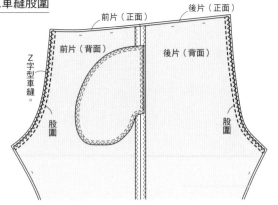

後片（正面）
前片（正面）
前片（背面）
後片（背面）
Z字型車縫。
股圍
股圍

左右褲管正面相對疊合，前股圍、後股圍各自車縫。縫份兩片一起進行Z字形車縫，燙開縫份。

3.車縫股下線

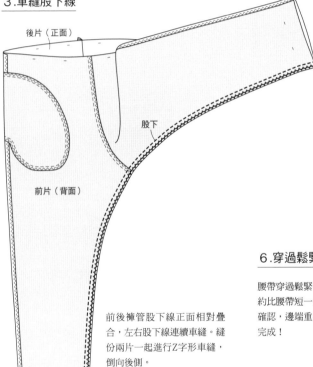

後片（正面）
股下
前片（背面）

前後褲管股下線正面相對疊合，左右股下線連續車縫。縫份兩片一起進行Z字形車縫，倒向後側。

4.車縫下襬

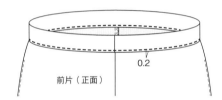

下襬縫份三摺邊熨燙整理，壓裝飾線。

前片（背面）
0.1～0.2
1
3
下襬
三摺邊2cm

5.接縫腰帶

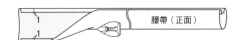

1
1
腰帶（正面）

❶ 腰帶摺疊成指示的寬度。

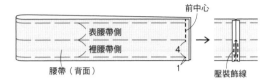

前中心
表腰帶側
裡腰帶側
4
1
腰帶（背面）
壓裝飾線

❷ 攤開❶的褶線，前中心正面相對疊合，車縫裡腰帶側預留鬆緊帶穿入口。

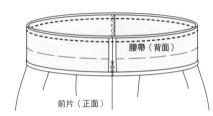

腰帶（背面）
前片（正面）

❸ 褲子腰線和表腰帶側正面相對疊合車縫。

0.2
前片（正面）

❹ 腰帶翻至正面，調整腰帶寬，表裡腰帶包夾縫份、壓裝飾線。

6.穿過鬆緊帶

腰帶穿過鬆緊帶。鬆緊帶長度約比腰帶短一些，試穿時再作確認，邊端重疊1至2cm車縫。完成！

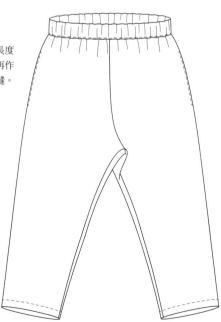

b 後褶襉連身裙

P.12,13

P.12,13

完成尺寸 　　　　　　　　　　　　　單位cm

	S	M	L	LL
胸圍	116	120	124	128
身長	103.5	105	106.5	108
袖長	42.5	43.5	44.5	45.5

紙型（2正面）
b 後片（上‧下）　　b 前片（上‧下）
b 袖子　b 袋布
＊領圍用斜布條、袖口用斜布條，依裁布圖
　尺寸直接裁剪。

材料
表布（亞麻）…寬148cm　190cm
＊寬110cmS‧M280cm、L‧LL290cm

1.車縫褶襉‧後中心

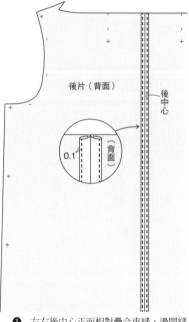

❶　左右後中心正面相對疊合車縫，燙開縫
　　份。縫份往內側對摺壓裝飾線。→P.60

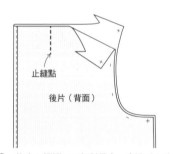

❷　後中心褶襉正面相對疊合，車縫至止縫
　　處。

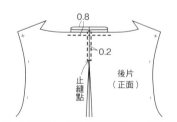

❸　如圖所示，摺疊褶襉熨燙整理，❷的縫
　　線從正面兩側至止縫點壓裝飾線。領圍
　　壓線。

裁布圖

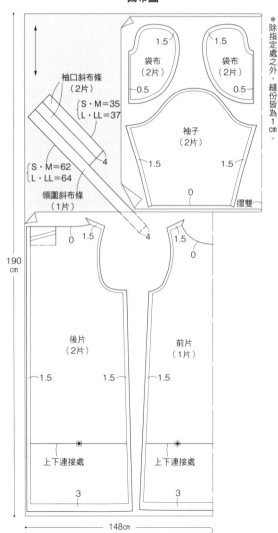

袖口斜布條
（2片）
{ S‧M=35
  L‧LL=37

4

{ S‧M=62
  L‧LL=64

領圍斜布條
（1片）

袋布
（2片）

1.5

0.5

袋布
（2片）

1.5

0.5

袖子
（2片）

1.5

1.5

0

摺雙

＊除指定處之外，縫份皆為1cm。

0　1.5

4

1.5

0

190cm

後片
（2片）

前片
（1片）

1.5

1.5

1.5

上下連接處

上下連接處

3

3

148cm

2.車縫肩線

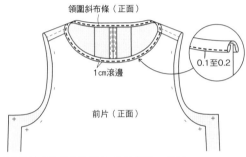

後片（正面） 包邊縫

（背面）

前片（背面）

前後片肩線包邊縫（→P.52）。縫份倒向後側。

3.領圍斜布條滾邊

領圍斜布條（正面）

0.1至0.2

1cm滾邊

前片（正面）

領圍斜布條包捲身片領圍，進行車縫。→P.54

4.接縫袖子

5.袖下至脇邊車縫．製作口袋

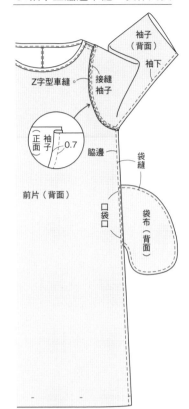

袖子（背面）

袖下

Z字型車縫 接縫袖子

正面 袖子 0.7 脇邊

前片（背面）

袋縫

口袋口

袋布（背面）

接縫袖子，身片袖襱和袖子正面相對疊合車縫，縫份兩片一起進行Z字形車縫。倒向身片側，壓裝飾線。→P.64

袖下至脇邊、口袋進行袋縫。→P.61

6.袖口斜布條滾邊

7.車縫下襬

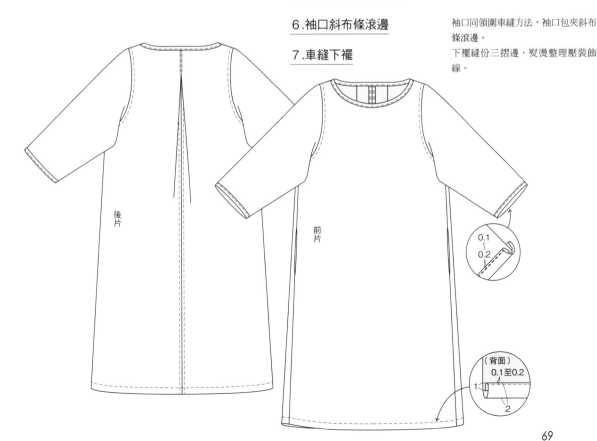

後片

前片

0.1 0.2

（背面）
0.1至0.2

1

2

袖口同領圍車縫方法，袖口包夾斜布條滾邊。

下襬縫份三摺邊，熨燙整理壓裝飾線。

m 雙排釦無領大衣

P.27

完成尺寸

單位cm

	S	M	L	LL
胸圍	103	107	111	115
身長	93.5	95	96.5	98
袖長	58	59	60	61

紙型（1背面）

m後片　m前片　m袖子
m前貼邊　m後貼邊　m袋布

材料

表布（亞麻）…寬148cmS・M220cm／L
・LL230cm
＊寬110cmS・M330cm／L・LL340cm
黏著襯…寬90cm　110cm
包釦…直徑 2 cm 7 個

製作順序

1　後中心包邊縫（→P.52）。縫份倒向
　　右身片側。
2　肩線包邊縫。縫份倒向前片側。
3　領圍至前端接縫貼邊反摺。→圖示
4　車縫袖尖褶。→圖示
5　接縫袖子。→P.64
6　袖下至脅邊袋縫。製作口袋。→P.61
7　袖口縫份三摺邊壓裝飾線。
8　車縫下襬。→圖示
9　製作釦眼，裝上釦子→圖示

製作順序

裁布圖

＊除指定處之外，縫份皆為1cm。
＊在░░░░的背面貼上黏著襯。

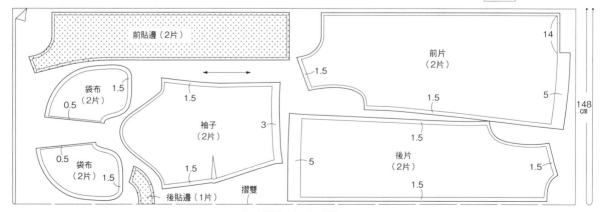

S・M220cm　L・LL 230cm

70

3.領圍至前端接縫貼邊反摺

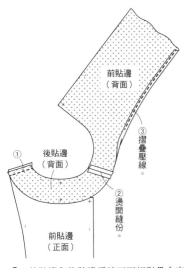

① 前貼邊和後貼邊肩線正面相對疊合車縫，燙開縫份。摺疊貼邊外圍縫份壓裝飾線。

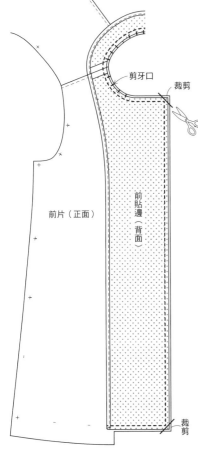

② 身片和貼邊正面相對疊合，車縫貼邊下襬至前端及領圍。領圍縫份剪牙口，邊角縫份斜向裁剪。

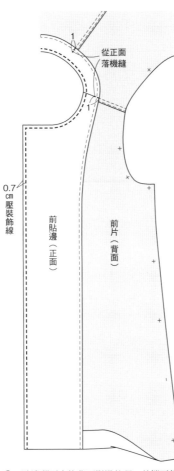

③ 貼邊翻至身片背面熨燙整理，前端至領圍壓裝飾線。後中心和肩線從正面縫線落機縫。

4.車縫袖尖褶

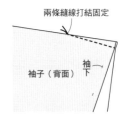

① 後袖下尖褶份正面相對疊合車縫。車縫完後預留長一點縫線打結固定，線端留0.5cm後裁剪。

② 尖褶縫份倒向下側熨燙整理。

8.車縫下襬

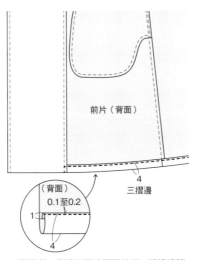

下襬縫份三摺邊以熨斗熨燙整理，貼邊邊端三摺邊壓裝飾線。

9.製作釦眼，裝上釦子

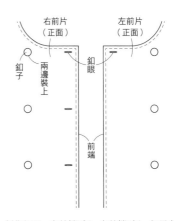

製作釦眼，右前端3個、左前端1個。釦子左右各裝上3個，右前最上方處，貼邊側也須裝上釦子。

o 托特包

P.30

完成尺寸

寬31cm　長39cm　側幅15cm

紙型

依製圖製作本體、側幅

製作提把紙型。

材料

表布（亞麻）…寬148cm　60cm

＊寬110cm　70cm

黏著襯寬…適量

製圖

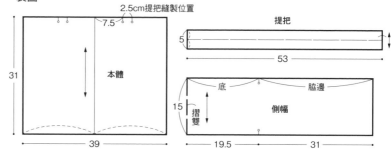

裁布圖

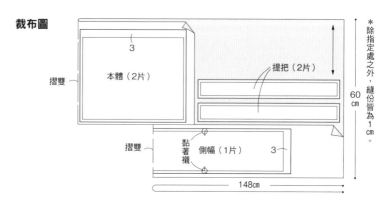

製作順序

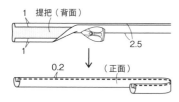

1　提把寬2.5cm四摺邊熨燙整理、壓裝飾線。製作兩條。

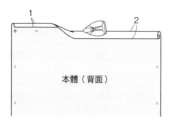

2　本體口縫份三摺邊熨燙整理。

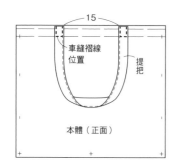

3　打開開口三摺邊褶線，提把縫製位置正面相對重疊提把，縫份車縫固定。另一片本體也以相同方法車縫提把。

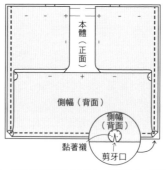

4　側幅合印位置的縫份，裁剪約2cm圓弧貼上黏著襯，合印記號位置剪牙口。本體和側幅正面相對疊合，車縫脇邊至底部，展開側幅車縫邊角牙口。

5　側幅縫份兩片一起進行Z字形車縫。側幅另一邊端也以相同方法接縫本體。

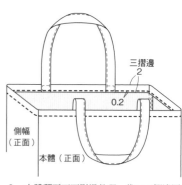

6　本體翻至正面熨燙整理。袋口三摺邊壓裝飾線。

7　側幅和本體往內側摺疊，熨斗熨燙製作褶線。完成！

q 圍巾

P.31

完成尺寸

146×30cm

材料

表布A（亞麻）…148×32cm

表布B（亞麻）…148×32cm

製作順序

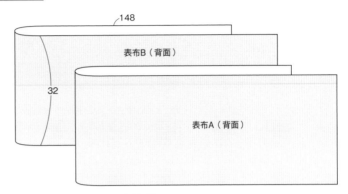

1　148cm（全部使用）×32cm布料兩片。

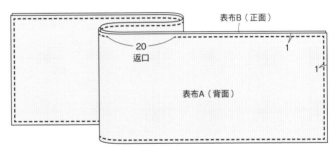

2　兩片正面相對疊合，預留返口約20cm，車縫周圍縫份1cm。

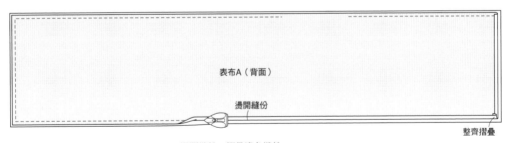

3　燙開縫份，摺疊邊角縫份。

4　從返口拉出翻至正面。返口藏針縫，以熨斗熨燙整理。

p 托特包（雙色）

P.31

完成尺寸

袋口寬43cm　深40cm　底側幅11cm

紙型

依照製圖製作本體上、本體下、內口袋、提把
製作紙型。

材料

表布A（亞麻）…寬148cm　50cm
表布B（亞麻）…寬148cm　40cm
＊寬110cm相同尺寸。

1.車縫本體下

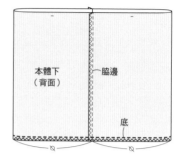

❶ 本體下兩片正面相對疊合，車縫脇邊。
縫份兩片一起進行Z字形車縫，縫份倒
向單側。

❷ 脇邊縫線至中央正面相對摺疊，車縫底
部。縫份兩片一起進行Z字形車縫。

製圖

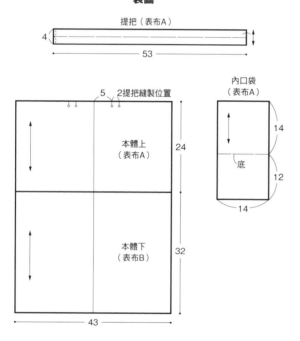

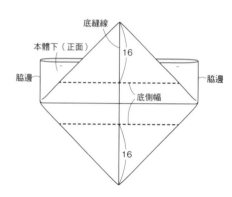

❸ 本體下翻至正面，❷的底縫線放至中
央，如圖所示摺疊底部，從兩邊邊角往
下16cm，各自背面相對疊合車縫。兩條
縫線之間即為底側幅。

裁布圖

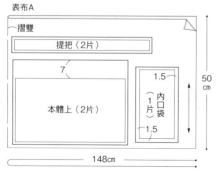

＊除指定處之外，縫份皆為1cm。

74

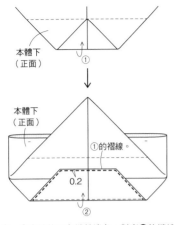

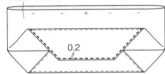

❹ ❸車縫的三角縫份邊角,對齊❸的縫線摺疊(①)、再次從縫線摺疊(②)。避開下側本體,褶線邊緣壓裝飾線,車縫底側幅。

❺ 另一側三角縫份也依❹相同方法摺疊車縫。

2.車縫本體上

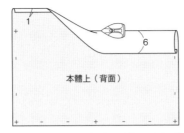

❶ 本體上口縫份三摺邊熨燙整理。另一片也以相同方法摺疊。

❷ 打開❶的褶線,兩片本體正面相對疊合車縫脇邊。縫份兩片進行Z字形車縫,縫份倒向單側。

3.接縫本體上下片,接縫提把

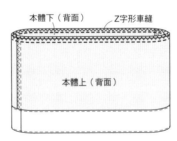

❶ 本體上和本體下正面相對疊合車縫。縫份兩片一起進行Z字形車縫。

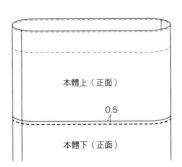

❷ ❶的縫份倒向下側熨燙整理,從正面壓裝飾線。

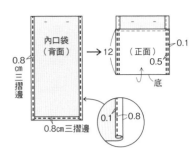

❸ 內口袋上端以外的三邊縫份三摺邊後壓裝飾線,背面相對摺疊兩脇,壓兩條裝飾線。

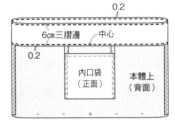

❹ 本體上口三摺邊熨燙整理,包夾內口袋壓裝飾線。

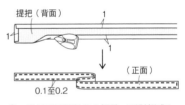

❸ 提把周圍縫份往內摺疊,再對摺成2cm熨燙整理,壓裝飾線。製作兩條。

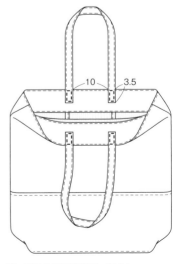

❹ 開口內側車縫提把,完成!

c 和風式外罩衫

P.14,15

P.14,15

完成尺寸　　　　　　　　　　單位cm

	S	M	L	LL
胸圍	110	114	118	122
身長	100.5	102	103.5	105
袖長	約74	約76	約78	約80

紙型（2正面）

c 後片（上‧下）　　c 前片（上‧下）

c 袖子　　c 袋布

＊細繩依裁布圖尺寸直接裁剪。

材料

表布（亞麻）

…寬148cmS‧M240cm／L‧LL260cm

＊寬110cmS‧M320cm／L‧LL330cm

製作順序

1 製作綁繩。→圖示
2 後中心包邊縫。（→P.52）
3 肩線包邊縫。縫份倒向前側。
4 車縫前端至領圍。→圖示
5 接縫袖子。縫份兩片一起進行Z字形車縫，倒向身片側。壓裝飾線。→P.64
6 袖下至脇邊袋縫，製作口袋（→P.61）。脇邊綁繩縫製位置處包夾細繩，右脇背面相對疊合袋縫，左脇正面相對疊合包夾細繩。
7 車縫袖口。→圖示
8 車縫下襬。→圖示

製作順序

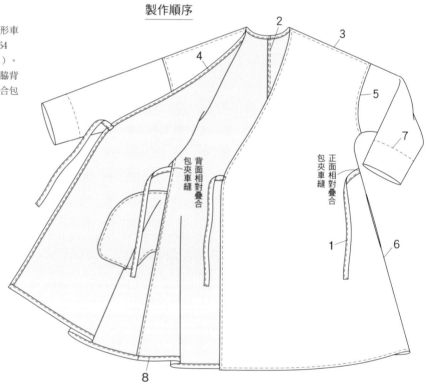

背面相對疊合
包夾車縫

正面相對疊合
包夾車縫

1.製作綁繩

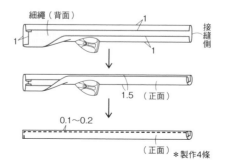

細繩（背面）

接縫側

1.5　（正面）

0.1～0.2

（正面）＊製作4條

接縫側以外三邊往內摺疊1cm，側幅對摺寬1.5cm四摺邊，壓裝飾線。

裁布圖

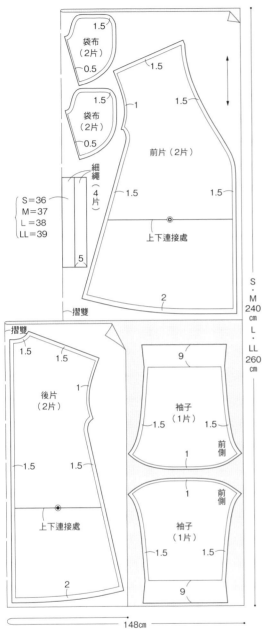

袋布
（2片）
1.5
0.5

袋布
（2片）
1.5
0.5

1.5
1

1.5

1.5

前片（2片）

細繩
（4片）

S=36
M=37
L=38
LL=39

1.5

1.5

上下連接處

5

2

摺雙

摺雙

1.5
1.5
1

後片
（2片）

1.5
1.5

1.5
1.5

上下連接處

2

9

袖子
（1片）

1.5
前側
1.5

1

1
前側

袖子
（1片）

1.5
1.5

9

S・M
240
cm
L・LL
260
cm

148cm

4.車縫前端至領圍

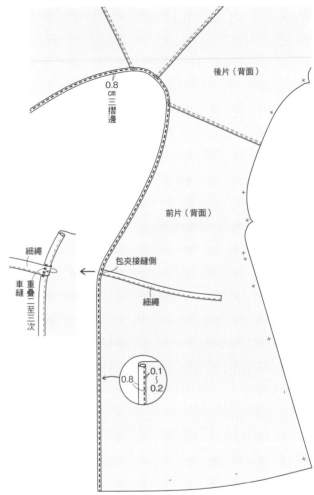

後片（背面）

0.8
cm
三摺邊

前片（背面）

包夾接縫側

細繩

細繩

車縫

重疊二至三次

0.8

0.1
～
0.2

前端至領圍縫份寬0.8cm三摺邊壓裝飾線。前端細繩縫製位置包夾細繩車
縫固定。細繩翻至外側，前端重疊二至三次車縫。

7.車縫袖口

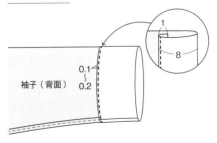

1

8

袖子（背面）

0.1
～
0.2

袖口縫份寬8cm三摺邊熨燙整理，壓裝飾線。

8.車縫下襬

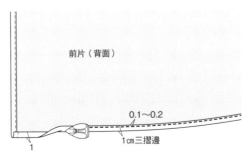

前片（背面）

0.1～0.2

1cm三摺邊

1

下襬縫份寬1cm三摺邊
熨燙整理，壓裝飾線。

i 連袖側邊打褶連身裙
P.22,23

完成尺寸

	S	M	L	LL
胸圍	108	112	116	120
身長	104.5	106	107.5	109
袖長	約36.5	約37.5	約38.5	約39.5

單位cm

紙型（1背面）
i 後片（上・下）　i 前片（上・下）
i 後貼邊　i 前貼邊

材料
表布（亞麻）
…寬148cmS・M240cm／L・LL250cm
＊寬110cmS・M250cm／L・LL260cm

製作重點
後片袖口下，裁剪後，如右圖裁剪縫份，曲線側進行Z字形車縫。前袖口下曲線邊端進行Z字形車縫。

袖口下裁剪的方法

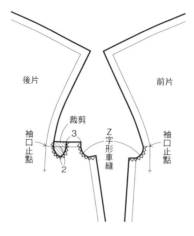

1.車縫肩線

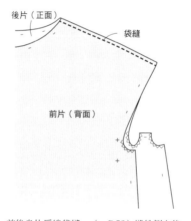

前後身片肩線袋縫。（→P.52）縫份倒向後側。

2.領圍車縫貼邊

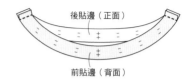

❶ 前後貼邊肩線正面相對疊合車縫。

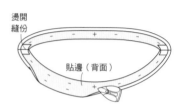

❷ 貼邊肩線燙開縫份。以熨斗熨燙外圍縫份，往內側摺疊。

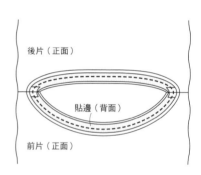

❸ 身片領圍和貼邊正面相對疊合車縫。

裁布圖

＊除指定處之外，縫份皆為1cm。

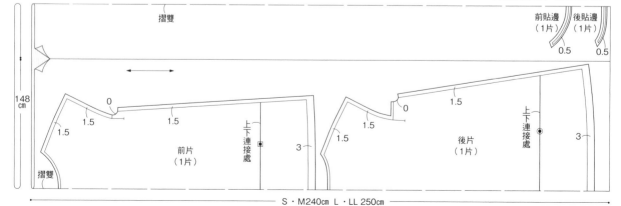

4.車縫脇邊

後片（背面）

前片（正面）

袋縫

前後片脇邊袋縫。

5.車縫脇邊褶襉

前片（背面）

後片（正面）

袖口止點

袖口止點

❶ 前後片袖口止點至止縫點，正面相對疊合車縫。

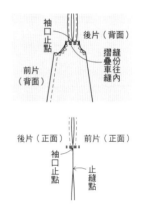

袖口止點

後片（背面）

摺縫份往縫內

前片（背面）

後片（正面）　前片（正面）

袖口止點

止縫點

❷ 內側箱型褶襉，內側上端縫份往內側摺疊，袖口止點重疊車縫二至三次。

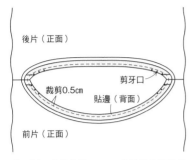

後片（正面）

剪牙口

裁剪0.5cm

貼邊（背面）

前片（正面）

❹ 領圍縫份裁剪0.5cm。曲線部分縫份剪牙口。

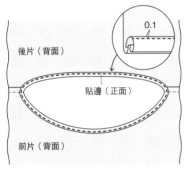

0.1

後片（背面）

貼邊（正面）

前片（背面）

❺ 貼邊往身片內側摺疊。以熨斗熨燙整理領圍，貼邊邊端壓裝飾線。

3.車縫袖口

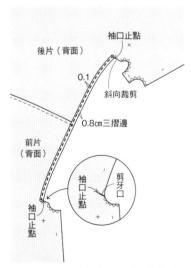

袖口止點

後片（背面）

0.1

斜向裁剪

0.8cm三摺邊

前片（背面）

袖口止點

剪牙口

袖口止點

袖口止點縫份斜向裁剪牙口，袖口縫份三摺邊壓裝飾線。

6.車縫下襬

下襬縫份三摺邊熨燙整理、壓裝飾線。

0.1至0.2

1

2

l 細褶剪接連身裙

P.26

完成尺寸 單位cm

	S	M	L	LL
胸圍	90	94	98	102
身長 （從肩線開始）	113.5	115.5	117.5	119.5
袖長	約31.5	約32.5	約33.5	約34.5

紙型（1背面）

L前後片 L前後裙片
L前後胸剪接片

材料

表布（亞麻）
…寬148cmS・M190cm／L・LL200cm
＊寬110cmS・M260cm／L・LL270cm
黏著襯…寬90cm 10cm

裁布圖

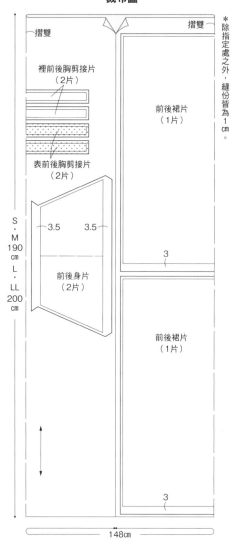

（摺雙）

裡前後胸剪接片
（2片）

前後裙片
（1片）

表前後胸剪接片
（2片）

摺雙

＊除指定處之外，縫份皆為1cm。

＊在 的位置需貼上黏著襯。

S・M 190cm L・LL 200cm

3.5　3.5

前後身片
（2片）

前後裙片
（1片）

3

3

148cm

1.車縫身片

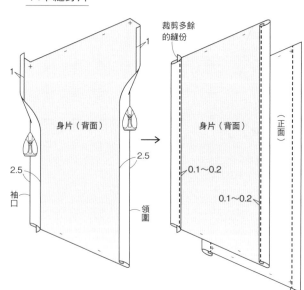

身片（背面）

裁剪多餘的縫份

身片（背面）

（正面）

2.5

2.5

袖口

領圍

0.1～0.2

0.1～0.2

❶ 身片領圍和袖口縫份三摺邊熨燙整理，壓裝飾線。

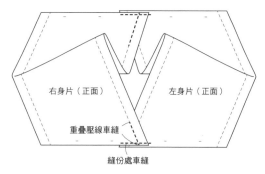

右身片（正面）　左身片（正面）

重疊壓線車縫

縫份處車縫

❷ 對齊左右前後中心，右身片朝上重疊左右，領圍壓線處重疊車縫固定。下側重疊部分縫份也車縫固定。

2.接縫身片和胸剪接片

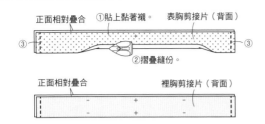

①貼上黏著襯。
正面相對疊合
表胸剪接片（背面）
②摺疊縫份。

正面相對疊合
裡胸剪接片（背面）

❶ 表胸剪接片背面貼上黏著襯，摺疊下側縫份打開褶線，兩片正面相對疊合車縫兩脇。裡胸剪接片兩片正面相對疊合車縫兩脇。脇邊縫份各自燙開縫份。

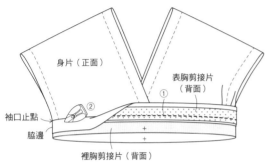

身片（正面）
表胸剪接片（背面）
袖口止點
脇邊
裡胸剪接片（背面）

❷ 表、裡胸剪接片正面相對疊合，包夾身片正面相對疊合車縫（①）。胸剪接片脇邊對齊身片袖口止點。胸剪接片翻至正面以熨斗熨燙整理（②）。

3.車縫裙片脇邊

4.車縫下襬

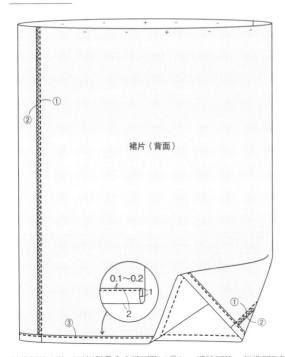

裙片（背面）

0.1～0.2

前後裙片兩片正面相對疊合車縫兩脇（①），縫份兩片一起進行Z字形車縫、倒向單側（②）。下襬縫份三摺邊壓裝飾線（③）。

5.裙片抽拉細褶

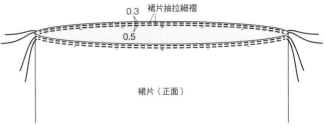

0.3
裙片抽拉細褶
0.5
裙片（正面）

❶ 裙片上端縫份粗針目車縫2條。

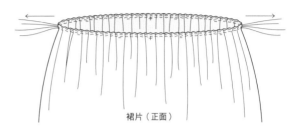

裙片（正面）

❷ 裙片表面粗針目車縫，抽拉上線製作細褶。配合胸剪接片調節尺寸，平均調整細褶。

6.接縫裙片和胸剪接片

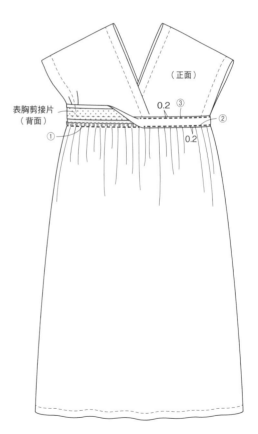

（正面）
表胸剪接片（背面）
0.2 ③
②
0.2

裡胸剪接片表面對齊裙片背面，避開表胸剪接片車縫。縫份倒向表胸剪接片，以熨斗熨燙整理（①）。重疊表胸剪接片壓裝飾線（②）。表胸剪接片上端壓裝飾線（③）。完成！

k 和服袖短上衣

P.25,29

完成尺寸 單位cm

	S	M	L	LL
胸圍	122	126	130	134
身長	60.5	61.5	62.5	63.5
袖長	約57	約58.5	約60	約61.5

紙型（1正面）
k 後片　k 前片　k 後下襬布
k 前下襬布　k 後貼邊　k 前貼邊

材料
表布…寬148cm　160cm
鬆緊帶…寬2cm　S85cm／M89cm／L93cm／
LL97cm

＊身片連接袖片的款式。前片和後片的前後
　中心摺雙裁剪，所以S・M使用布寬125
　cm以上　L・LL使用布寬130cm以上。

裁布圖

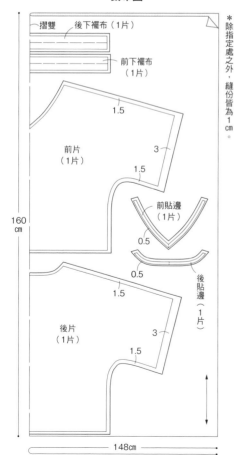

＊除指定處之外，縫份皆為1cm。

160cm

148cm

1.車縫肩線

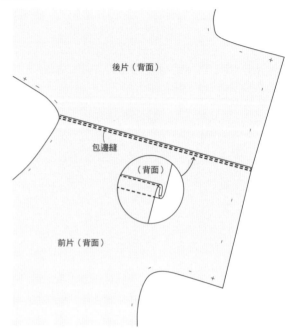

前後身片包邊縫（→P.52）。縫份倒向後側。

2.接縫領圍&貼邊

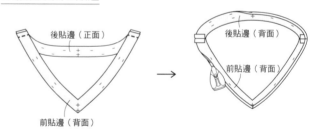

❶ 後貼邊和前貼邊肩線正面相對疊合，燙開縫份。外圍縫份以熨斗熨燙摺疊。

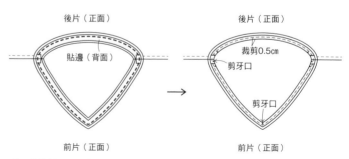

❷ 身片領圍和貼邊正面相對疊合車縫。縫份裁剪0.5cm，弧線部分和V字處剪牙口。
　V字牙口需剪至縫線邊緣處為止。

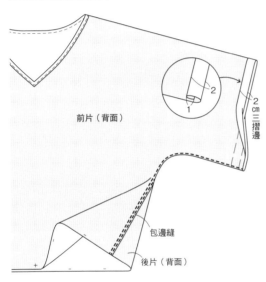

❸ 貼邊翻至身片背面熨燙整理，貼邊邊端壓裝飾線。

3.車縫袖下至脇邊

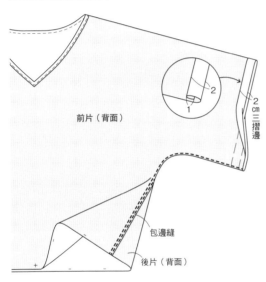

袖口縫份以熨燙熨燙三摺邊，前後袖下至脇邊包邊縫，縫份倒向後側。

4.車縫袖口

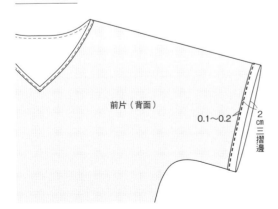

袖口三摺邊壓裝飾線。

5.接縫下襬布，穿過鬆緊帶

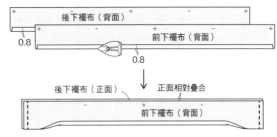

❶ 前下襬布、後下襬布下側縫份往內摺疊0.8cm，前後下襬布正面相對疊合車縫兩脇。

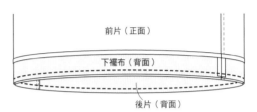

❷ 身片下襬和下襬布正面相對疊合車縫。

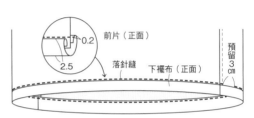

❸ 下襬布翻至正面，以熨燙熨燙摺疊寬2.5cm，步驟❷從表面縫線落針縫。左脇後側鬆緊帶穿入口預留3cm。

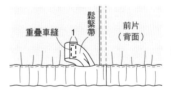

❹ 下襬布穿過鬆緊帶，鬆緊帶邊端重疊1cm車縫固定。

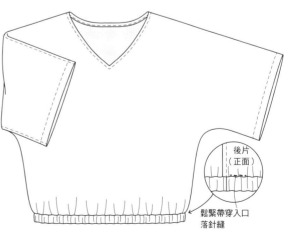

❺ 步驟❸的鬆緊帶穿入口落針縫固定。完成！

j 細褶剪接裙

P.24

完成尺寸　　　　　　　　　　單位cm

	S	M	L	LL
臀圍	98	102	106	110
裙長	83.5	84.5	85.5	86.5

紙型（1 正面）

j 前後裙片　　j 前後剪接片

j 腰帶

材料

表布（亞麻）

…寬148cmS・M170cm／L・LL180cm

＊寬110cmS・M170cm／L・LL190cm

鬆緊帶…3 cm寬　適量

製作順序

1　裙片脇邊、剪接片脇邊各自包邊縫
　　（→P.52）。
　　縫份倒向後側。

2　下襬縫份三摺邊壓線。

3　裙片上端以粗針目車縫，製作細褶
　　（→P.81），接縫剪接片。縫份兩片一
　　起進行Z字形車縫倒向剪接片側，壓裝
　　飾線。

4　接縫腰帶。→P.67

5　腰帶穿過鬆緊帶。試穿後決定鬆緊帶長
　　度，重疊邊端1至2cm車縫。

製作順序

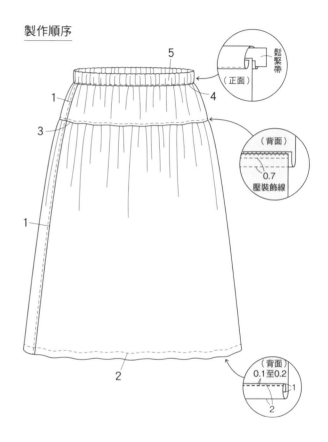

裁布圖　　　　　　　　　　＊除指定處之外，縫份皆為1cm。

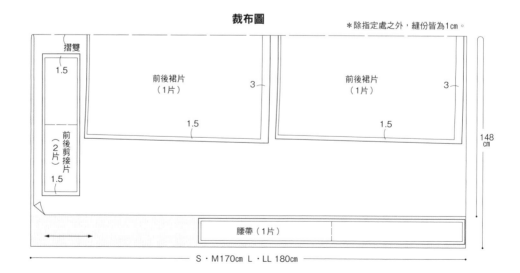

n 寬褲

P.28

完成尺寸

	S	M	L	LL
臀圍	98	102	106	110
褲長	93	96	99	102

單位cm

紙型（2背面）
n 後褲管（上・下）
n 前褲管（上・下）

材料
表布（亞麻）
…寬148cmS・M120cm／L170cm／LL180cm
＊寬110cmS・M230cm／L・LL240cm
鬆緊帶…2cm寬　適量

製作順序

1　車縫股圍。前、後股圍各自車縫，製作後腰帶縫份的鬆緊帶穿入口。→圖
2　車縫脇邊。縫份兩片一起進行Z字形車縫。縫份倒向後側。
3　前後股下正面相對疊合，前後股下連接車縫。縫份兩片一起進行Z字形車縫。縫份倒向後側。→P.67
4　下襬縫份三摺邊壓裝飾線。
5　腰帶縫份三摺邊壓裝飾線。
6　腰帶穿過鬆緊帶試穿後決定鬆緊帶長度，重疊邊端1至2cm車縫。

1.車縫股圍

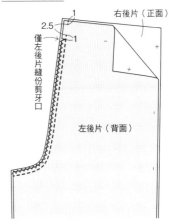

❶　前、後左右股圍各自正面相對疊合車縫，縫份兩片一起進行Z字形車縫，後腰帶預留緊帶穿入口。

❷　前、後股圍縫份倒向右側以以熨斗熨燙整理。後鬆緊帶穿入口燙開縫份。壓裝飾線。

裁布圖

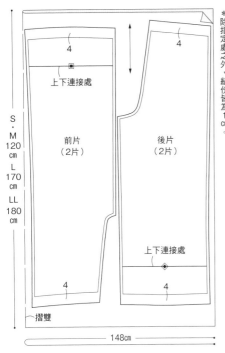

＊除指定處之外，縫份皆為1cm。

製作順序

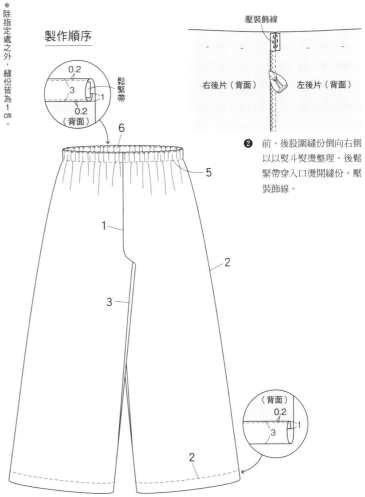

85

h 細肩帶洋裝
P.20,21

完成尺寸
單位cm

	S	M	L	LL
胸圍	94	96	98	100
前後身長	90	91	92	93

紙型（2正面）

h前後片（上・下）

＊肩繩依裁布圖尺寸直接裁剪。

材料

表布（亞麻）

…寬148cmS・M150cm／L・LL170cm

＊寬110cmS・M230cm／L・LL240cm

製作重點

身片上端，從身片直接反摺至表面。所以選擇布料時也要考慮背面的顏色，即使背面顏色出現在正面也可以的布料。

1.車縫脇邊

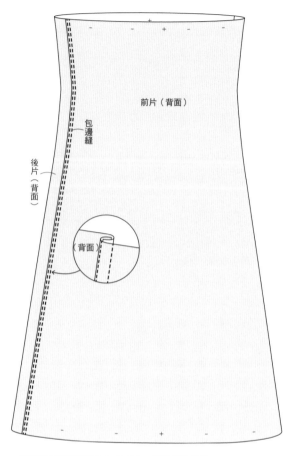

身片兩片脇邊包邊縫（→P.53）。縫份倒向後側。

裁布圖

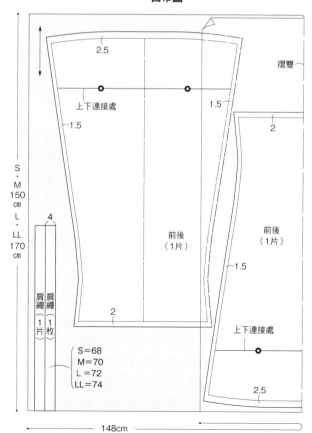

2.車縫上端＆下襬

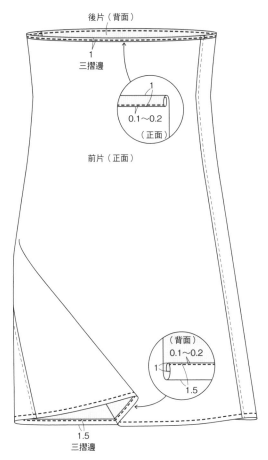

後片（背面）

1
三摺邊

1
0.1～0.2
（正面）

前片（正面）

（背面）
0.1～0.2
1
1.5

1.5
三摺邊

❶ 上端縫份往身片表面三摺邊，壓裝飾線。下襬縫份往內三摺邊，壓裝飾線。

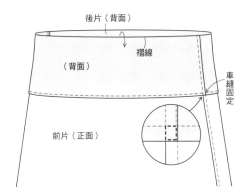

後片（背面）

摺線

（背面）

車縫固定

前片（正面）

❷ 身片上端從摺線位置往外側摺疊，兩脇車縫至脇邊縫線位置。

3.製作肩繩接縫

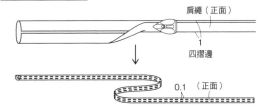

肩繩（正面）

1
四摺邊

0.1　（正面）

❶ 肩繩以熨斗熨燙寬1cm四摺邊壓裝飾線，製作兩條。

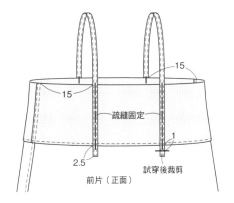

15

15

疏縫固定

1

2.5

試穿後裁剪

前片（正面）

❷ 左右從脇邊15cm位置，參考圖示尺寸肩繩疏縫固定。試穿之後調節肩繩的實際長度，預留肩繩1cm縫份，其餘裁剪。

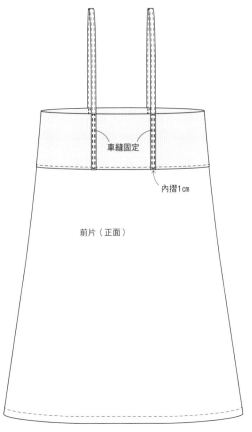

車縫固定

內摺1cm

前片（正面）

❸ 前後肩繩壓裝飾線固定至身片。完成！

🔲 Sewing 縫紉家 24

素材美&個性美 ·
穿上就有型的亞麻感手作服

作　　者／大橋利枝子
譯　　者／洪鈺惠
發 行 人／詹慶和
總 編 輯／蔡麗玲
執行編輯／劉蕙寧
編　　輯／蔡毓玲・黃璟安・陳姿伶・李佳穎・李宛真
執行美編／陳麗娜
美術編輯／周盈汝・韓欣恬
內頁排版／造　極
出 版 者／雅書堂文化事業有限公司
發 行 者／雅書堂文化事業有限公司
郵撥帳號／18225950　戶名：雅書堂文化事業有限公司
地　　址／新北市板橋區板新路206號3樓
電　　話／(02)8952-4078
傳　　真／(02)8952-4084
網　　址／www.elegantbooks.com.tw
電子郵件／elegant.books@msa.hinet.net

2017年7月初版一刷　定價 420 元

FLW NO SEWING TO STYLE
Copyright © RIEKO OHASHI 2016
All rights reserved.
Original Japanese edition published in Japan by EDUCATIONAL FOUNDATION
BUNKA GAKUEN BUNKA PUBLISHING BUREAU.
Chinese (in complex character) translation rights arranged with EDUCATIONAL
FOUNDATION BUNKA GAKUEN BUNKA PUBLISHING BUREAU
through KEIO CULTURAL ENTERPRISE CO., LTD.

總經銷／朝日文化事業有限公司
進退貨地址／新北市中和區橋安街15巷1號7樓
電話／（02）2249-7714
傳真／（02）2249-8715

國家圖書館出版品預行編目(CIP)資料

素材美&個性美・穿上就有型的亞麻感手作服 /
大橋利枝子著；洪鈺惠譯.
 -- 初版. – 新北市：雅書堂文化, 2017.7
　面；　公分. -- (Sewing縫紉家; 24)
ISBN 978-986-302-377-7 (平裝)

1.縫紉 2.衣飾 3.手工藝

426.3　　　　　　　　　　　　　106010631

大橋利枝子 Rieko Ohashi

擅長手作的造型師。
olive雜誌專屬造型師，以可愛俏皮和清爽造型穿搭深受女性
的喜愛。
2012年開始創立服裝品牌fog linen work「FLW」，善用亞
麻布的優點，講究顏色和觸感，以開發舒適居家生活的穿著
為品牌主要的理念。不論單穿、或多層次穿搭，都能洋溢清
爽俐落感的風格，非常具有人氣。
著有《手芸の本 裁縫・編み物・刺繡》（六耀社）、《す
っと好きなもの》（地球丸）。

發行者	大沼 淳
攝影	高橋ヨーコ
	Jenny Hallengren　http://jennyhallengren se/（P.4黑白照片）
	安田如水（文化出版局）（P.6至P.9靜物）
模特兒	Jackie・Ashley・Erica Tanov・Jacqueline
造型師	加藤ヒロコ
封面設計	林修三　熊谷菜都美（リムラムデザイン）
電子摹版	文化フォトタイプ
CAD Grading	上野和博
紙型	アズワン（白井史子）
校閱	向井雅子
作法編輯	百目鬼尚子
編輯	田中 薰（文化出版局）
特別感謝	松尾由貴

本書使用的亞麻布，部分在fog linen work網站販賣。
http://www.foglinenwork.com/jp/shopping.php
※因庫存有限，售完即止。

FLW sewing &
styling

SEWING 縫紉家 06

輕鬆學會機縫基本功
栗田佐穗子◎監修
定價：380 元

細節精細的衣服與小物，是如何製作出來的呢？一切都看縫紉機是否運用純熟！書中除了基本的手縫法，也介紹部分縫與能讓成品更加美觀精緻的車縫方法，並運用各種技巧製作實用的布小物與衣服，是手作新手與熟手都不能錯過的縫紉參考書！

SEWING 縫紉家 05

手作達人縫紉筆記
手作服這樣作就對了
月居良子◎著　定價：380 元

從畫紙型與裁布的基礎功夫，到實際縫紉技巧，書中皆以詳盡彩圖呈現；各種在縫紉時會遇到的眉眉角角、不同的衣服部位作法，也有清楚的插圖表示。大師的縫紉祕技整理成簡單又美觀的作法，只要依照解說就可以順利完成手作服！

SEWING 縫紉家 04

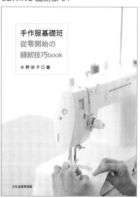

手作服基礎班
從零開始的縫紉技巧 book
水野佳子◎著　定價：380 元

書中詳細介紹了裁縫必需的基本縫紉方法，並以圖片進行解說，只要一步步跟著作，就可以完成漂亮又細緻的手作服！從整燙的方法開始、各種布料的特性、手縫與機縫的作法，不錯過任何細節，即使是從零開始的初學者也能作出充滿自信的作品！

完美手作服の
必看參考書籍

SEWING 縫紉家 03

手作服基礎班
口袋製作基礎 book
水野佳子◎著　定價：320 元

口袋，除了原本的盛裝物品的用途外，同樣也是衣服的設計重點之一！除了基本款與變化款的口袋，簡單的款式只要再加上拉鍊、滾邊、袋蓋、褶子，或者形狀稍微變化一下，就馬上有了不同的風貌！只要多花點心思，就能讓手作服擁有自己的味道喔！

SEWING 縫紉家 02

手作服基礎班
畫紙型＆裁布技巧 book
水野佳子◎著　定價：350 元

是否常看到手作書中的原寸紙型不知該如何利用呢？該如何才能把紙型線條畫得流暢自然呢？而裁剪布料也有好多學問不可不知！本書鉅細靡遺的介紹畫紙型與裁布的基礎課程，讓製作手作服的前置作業更完美！

SEWING 縫紉家 01

全圖解 裁縫聖經（暢銷增訂版）
晉升完美裁縫師必學基本功
Boutique-sha ◎著　定價：1200 元

它就是一本縫紉的百科全書！從學習量身開始，循序漸進介紹製圖、排列紙型及各種服裝細節製作方式。清楚淺顯的列出各種基本工具、製圖符號、身體部位簡稱、打版製圖規則，讓新手的縫紉基礎可以穩紮穩打！而衣服的領子、袖子、口袋、腰部、下襬都有好多種不一樣的設計，要怎麼車縫表現才完美，已有手作經驗的老手看這本就對了！

FLW sewing &
styling